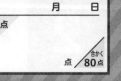

1 □ にあてはまることばや数を書きましょう。

(75点) □ 1つ15

❶ 角の大きさのことを □ ともいいます。

❷ 直角は □ ° です。

❸ 半回転の角度は2直角で,
□ ° です。

❹ 1回転の角度は □ 直角で,

□ ° です。

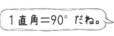 1直角＝90° だね。

2 下のあ～えのうち, 2直角より大きく, 3直角より
小さい角を選びましょう。(25点)

[　　　　　]

答えは85ページ ☞

角の大きさ ②

月　日
得点
点／合かく 80点

1 分度器を使って，次の角度をはかりましょう。

（60点）1つ15

❶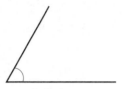

[　　　　　]

❷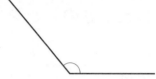

[　　　　　]

❸

[　　　　　]

❹

[　　　　　]

2 次の角度は何度ですか。分度器を使って，くふうしてはかりましょう。（40点）1つ20

❶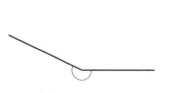

[　　　　　]

❷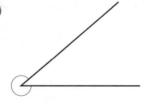

[　　　　　]

答えは85ページ☞

角の大きさ ③

月　日
得点
点　／合かく 80点

1 右の角度について答えましょう。

❶ 分度器を使って，あの角
度をはかりましょう。(10点)

[　　　　　　　　　]

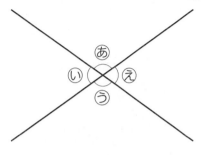

❷ い～えの角度を計算で求
めましょう。(30点)[　]1つ10

い[　　　　　] う[　　　　　　] え[　　　　　　]

2 分度器を使って，次の図のあの角度をはかりまし
ょう。また，いの角度を計算で求めましょう。

(60点)[　]1つ15

❶

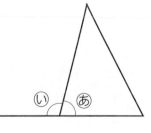

❷

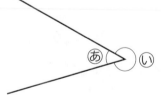

あ[　　　　　　]　　　　　あ[　　　　　　]

い[　　　　　　]　　　　　い[　　　　　　]

三角じょうぎの角

月　　日
得点
点／合かく 80点

1 三角じょうぎの⑥〜⑥の角度を答えましょう。

(60点)□1つ10

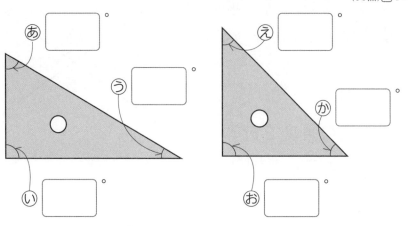

2 下の図は，1組の三角じょうぎを組み合わせたものです。⑥〜⑥の角度を計算で求めましょう。

(40点)[ ]1つ10

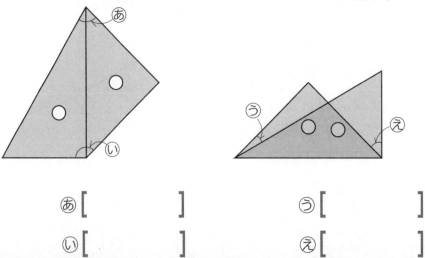

⑥ [　　　　　]　　　　⑤ [　　　　　]

⑥ [　　　　　]　　　　⑥ [　　　　　]

答えは85ページ ☞

月　　日

得点

点／合かく 80点

1 辺アイを使って，点アを頂点とする次の大きさの
角を分度器を使ってかきましょう。（40点）1つ20

❶ 120°　　　　　　　　❷ 200°

ア ———————— イ

ア ———————— イ

2 じょうぎと分度器を使って，次のような三角形を
かきましょう。（60点）1つ30

❶

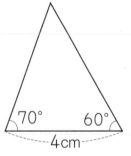

70°　　60°
4cm

❷

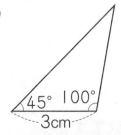

45° 100°
3cm

答えは85ページ

大きい数 ①

1 数字で書きましょう。(60点) 1つ15

❶ 三十七億九千四百五十七万

[　　　　　　　　　　　　]

❷ 十六兆八百億

[　　　　　　　　　　　　]

❸ 1兆を3こ，1億を50こあわせた数

[　　　　　　　　　　　　]

❹ 10億を72こ集めた数

[　　　　　　　　　　　　]

2 48700000000について，☐にあてはまる数を
書きましょう。(40点) 1つ20

> 一の位から4けたごとに
> 区切ると読みやすいよ。

❶ 1億を [　　　　　] こ集めた数です。

❷ 1000万を [　　　　　] こ集めた数です。

答えは85ページ ☞

大きい数 ②

1 下の数直線で，⑦〜⊆にあたる数を書きましょう。

(60点) [ ] 1つ15

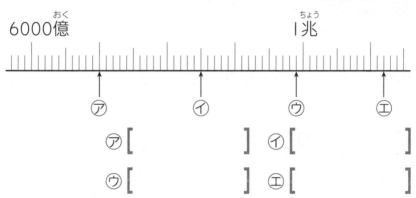

6000億 　　　　　　　　　　　　　1兆

⑦ [　　　　　　　] ⑦ [　　　　　　　]

⑦ [　　　　　　　] ⊆ [　　　　　　　]

2 次の ☐ にあてはまる不等号を書きましょう。

(40点) 1つ10

❶ 415260000 ☐ 415620000

❷ 22793100000 ☐ 2975400000

❸ 1兆 ☐ 9999億

❹ 80億 ☐ 8兆

大きい数 ③

1 次の数を書きましょう。（60点）1つ15

❶ 34 億を 10 倍した数　　　[　　　　　　　　]

❷ 2000 億を 100 倍した数　[　　　　　　　　]

❸ 8 億を 1000 倍した数　　[　　　　　　　　]

❹ 57 兆を $\frac{1}{10}$ にした数　　[　　　　　　　　]

2 0から9までの数字カードを使って, 10けたの数をつくります。（40点）1つ20

❶ それぞれの数字を 1 回ずつ使ってつくれる数の中で, 2番目に大きい数を答えましょう。

[　　　　　　　　]

❷ 同じ数字を何回も使ってつくれる数の中で, 2番目に小さい数を答えましょう。

[　　　　　　　　]

答えは86ページ

大きい数の計算 ①

1 計算をしましょう。(60点) 1つ10

❶ 3億+6億

❷ 45億+79億

❸ 28兆+12兆

❹ 10億−3億

❺ 754億−298億

❻ 46兆−16兆

2 （　）の中の数の和と差を求めましょう。(40点)[　]1つ10

❶ （123億，78億）

❷ （236兆，159兆）

和[　　　　　　]

差[　　　　　　]

和[　　　　　　]

差[　　　　　　]

答えは86ページ ☞

大きい数の計算 ②

1 計算をしましょう。（45点）1つ15

❶
```
   1 4 5
 × 2 1 3
```

❷
```
   3 6 8
 × 6 0 5
```

❸
```
   4 0 9
 × 8 0 7
```

2 次の計算を筆算でくふうしてしましょう。（30点）1つ15

❶ 2400×120

❷ 370×6200

3 お楽しみ会のさんかひは，1人308円です。125
人から集めると，全部で何円集まりますか。（25点）

[　　　　　　　　]

答えは86ページ ☞

折れ線グラフ ①

1 下の折れ線グラフは，ある市の１日の気温の変わり方を表したものです。

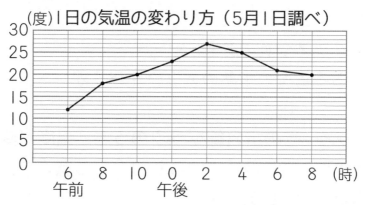

(度)１日の気温の変わり方（5月1日調べ）

❶ いちばん気温が高いのは何時で何度ですか。(30点)

[　　　　　　]で[　　　　　　]

❷ 気温が 20 度なのは何時と何時ですか。(30点)

[　　　　　　]と[　　　　　　]

❸ 気温の変わり方がいちばん大きいのは，何時から何時の間ですか。(40点)

[　　　　　　]から[　　　　　　]の間

折れ線グラフ ②

1 次の⑦～⑦のうち，折れ線グラフに表すとよいものを1つ選んで，記号で答えましょう。(25点)

⑦ 花だんにさいた花の種類とその数

① クラス全員の身長

⑦ ある場所の1年の気温の変わり方　　　[　　　]

2 次の⑦～⑦の折れ線グラフのうち，温度が変わらないようすを表しているものを1つ選んで，記号で答えましょう。(25点)

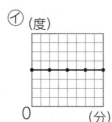
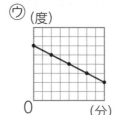

[　　　]

3 次の図のたての1目もりは何 g を表していますか。

(50点) 1つ25

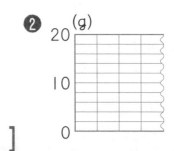

❶ [　　　]　　❷ [　　　]

折れ線グラフ ③

1 下の表は，１日の気温の変わり方を調べたものです。これを折れ線グラフに表します。

１日の気温の変わり方

時こく (時)	午前 9	11	午後 1	3	5
気温 (度)	25	27	30	32	28

❶ 右のグラフの □ にあてはまる数や単位，ことばを書きましょう。

(75点)□1つ15

❷ グラフの続きをかきましょう。(25点)

1目もりは何度になるかな？

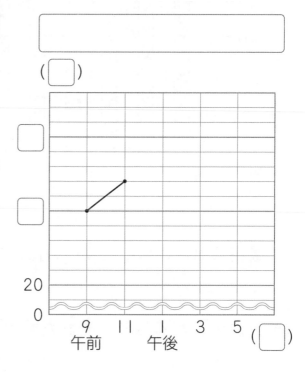

(□)

□

□

20

0

　9　　11　　1　　3　　5　(□)
午前　　　午後

答えは86ページ ☞

折れ線グラフ ④

1 下はある店で8月12日から18日までに，アイスクリームが売れた数をぼうグラフに，最高気温を折れ線グラフに，それぞれ表したものです。

アイスクリームが売れた数と最高気温

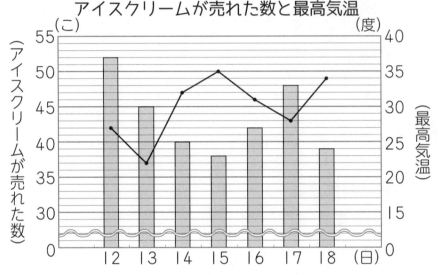

❶ 売れた数がいちばん多いのは何日ですか。(30点)

[　　　　　　　]

❷ 最高気温がいちばん高いのは何日ですか。(30点)

[　　　　　　　]

❸ 気温が上がるほど，売れた数がふえるといえますか。(40点)

[　　　　　　　]

何十・何百のわり算

1 計算をしましょう。(80点) 1つ10

① $90 \div 3$

② $80 \div 4$

③ $70 \div 7$

④ $150 \div 5$

⑤ $600 \div 2$

⑥ $1800 \div 9$

⑦ $2400 \div 3$

⑧ $4000 \div 8$

2 120 まいの色紙を，同じ数ずつ4人で分けます。1人分は何まいになりますか。(20点)

[　　　　　　　]

答えは87ページ ☞

わり算の筆算 ①

1 計算をしましょう。（90点）1つ15

❶
$2\overline{)78}$

❷
$4\overline{)92}$

❸
$3\overline{)84}$

❹
$5\overline{)65}$

❺
$6\overline{)96}$

❻
$2\overline{)94}$

2 45このみかんを，1人に3こずつ分けると，何人に分けられますか。（10点）

[　　　　　　　]

答えは87ページ ☞

わり算の筆算 ②

1 計算をしましょう。(90点) 1つ15

❶
6⟌86

❷
3⟌50

❸
4⟌87

❹
2⟌65

❺
8⟌83

❻
3⟌92

2 97÷4 の計算をして，答えのたしかめをしましょう。(10点) [ ] 1つ5

計算 [   ]

たしかめの式 [   ]

わり算の筆算 ③

1 計算をしましょう。（90点）1つ15

① 3)768

② 4)972

③ 7)875

④ 6)815

⑤ 7)902

⑥ 5)864

2 596まいの折り紙を3人で同じ数ずつ分けます。
1人分は何まいになって, 何まいあまりますか。

（10点）

> はじめに何まいぐらいに
> なるか見当をつけよう。

[　　　　　　　　　　]

わり算の筆算 ④

1 計算をしましょう。(90点) 1つ15

① 　3⟌420

② 　5⟌650

③ 　4⟌836

④ 　2⟌841

⑤ 　7⟌731

⑥ 　9⟌942

2 720 mL のジュースを 4 人で同じかさずつ分けます。1 人分は何 mL になりますか。(10点)

[　　　　　　]

答えは87ページ ☞

わり算の筆算 ⑤

1 計算をしましょう。（90点）1つ15

❶
$$4\overline{)192}$$

❷
$$6\overline{)294}$$

❸
$$9\overline{)729}$$

❹
$$5\overline{)467}$$

❺
$$8\overline{)610}$$

❻
$$6\overline{)184}$$

2 次のわり算で，商が十の位からたつのは，□ がどんな数のときですか。あてはまる数をすべて答えましょう。（10点）

$$4\overline{)\square28}$$

[　　　　　　　　　　]

答えは87ページ ☞

1 ビルの高さは60mで，としきさんの家の高さは5mです。ビルの高さは，としきさんの家の高さの何倍ですか。（30点）

[　　　　　　　]

2 みかんが72こあります。これは，りんごの数の4倍です。りんごの数は何こですか。（30点）

[　　　　　　　]

3 ある動物園の子ども3人分の入園料（にゅうえんりょう）は450円でした。この動物園の子ども6人分の入園料は何円になりますか。（40点）

[　　　　　　　]

答えは87ページ

わり算の暗算

1 76÷2 の暗算のしかたを考えます。□ にあてはまる数を書きましょう。(60点)□1つ10

76 を 60 と ⑦[　　　] に分けます。

76÷2
60 □

60 ÷2＝④[　　　]

⑦[　　　] ÷2＝⑤[　　　]

あわせて ⑥[　　　] ⇨ 76÷2＝⑦[　　　]

2 480÷3 の暗算のしかたを考えます。□ にあてはまる数を書きましょう。(20点)□1つ10

48 ÷3＝⑦[　　　]

↓ 10倍　　　↓ 10倍

480÷3＝④[　　　]

3 暗算でしましょう。(20点) 1つ10

❶ 75÷5

❷ 540÷2

答えは88ページ ☞

計算のじゅんじょ ①

1 350円のケーキと180円のパンを1こずつ買って，1000円を出したときのおつりを1つの式に表して求めます。□にあてはまる数を書きましょう。(20点)

$$\boxed{} - \left(350 + \boxed{}\right) = \boxed{}$$

出したお金　　　　　　代　金

2 200円のノートを3さつと90円のえん筆を4本買ったときの代金を，1つの式に表して求めます。□にあてはまる数を書きましょう。(20点)

$$\boxed{} \times \boxed{} + \boxed{} \times \boxed{} = \boxed{}$$

ノートの代金　　　　えん筆の代金

3 じゅんじょを考えて，計算をしましょう。(60点) 1つ15

❶ $9 \times 8 - 4 \div 2$

❷ $9 \times (8 - 4 \div 2)$

❸ $(9 \times 8 - 4) \div 2$

❹ $9 \times (8 - 4) \div 2$

答えは88ページ ☞

計算のじゅんじょ ②

1 次の❶〜❹の式に表せる問題を，下の⑦〜①から
選んで，記号で答えましょう。(100点) 1つ25

❶ $30+20×10$　　　❷ $(30+20)×10$

　　　　[　　　]　　　　　[　　　]

❸ $30×20+10$　　　❹ $30×(20+10)$

　　　　[　　　]　　　　　[　　　]

⑦ 30円のあめを20こと10円のガム1こを
買ったときの代金は何円ですか。

⑦ 30円のあめと20円のガムを1こずつ1組
にして，10組分買ったときの代金は何円です
か。

⑰ 30円のあめ1こと20円のガム10こを買
ったときの代金は何円ですか。

① 30円のあめを，きのう20こ，きょう10こ
買ったときの代金の合計は何円ですか。

答えは88ページ

計算のきまり ①

1 □ にあてはまる数を書きましょう。（45点）1つ15

❶ $(12+5) \times 6 = 12 \times \boxed{} + 5 \times \boxed{}$

❷ $3 \times (11-4) = 3 \times \boxed{} - 3 \times \boxed{}$

❸ $45 \times 7 + 55 \times 7 = \left(45 + \boxed{}\right) \times 7$

$$= \boxed{} \times 7$$

2 くふうして計算しましょう。（40点）1つ20

❶ $(20+3) \times 7$

❷ $12 \times 8 + 18 \times 8$

3 1こ160円のおにぎりを4こと, 1本140円の
お茶を4本買います。代金は何円になりますか。

（15点）

[　　　　　　　]

計算のきまり ②

1 ☐にあてはまる数を書きましょう。(30点) 1つ10

たし算だけの式やかけ算だけの式は,計算のじゅんじょを変えても答えは同じだよ。

❶ $36+38+12=36+$ ☐

❷ $17×25×4=17×$ ☐

❸ $105×3=(100+$ ☐$)×3=100×3+$ ☐$×3$

2 くふうして計算しましょう。(45点) 1つ15

❶ $89+27+11$

❷ $4×7×25$

❸ $99×15$

3 次の式の中で, $101×12$ と答えが等しい式を記号で選びましょう。(25点)

㋐ $100+1×12$ 　　㋑ $101×10+2$
㋒ $100×12+1×12$ 　㋓ $10×12+1×12$

[　　　　　]

答えは88ページ ☞

垂直と平行 ①

1 下の図で，2本の直線が垂直なのはどれですか。
全部選んで，記号で答えましょう。（40点）

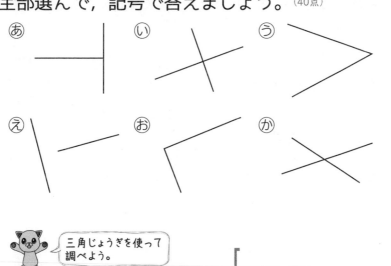

あ　　　い　　　う

え　　　お　　　か

三角じょうぎを使って調べよう。

[　　　　　　　　　　]

2 三角じょうぎを使って，次の直線をかきましょう。（60点）1つ30

❶ 点アを通り，(イ)の直線に垂直な直線

❷ 点ウを通り，(エ)の直線に垂直な直線

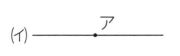

(イ) ———•——— ア

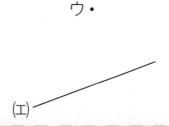

ウ・

(エ)

答えは88ページ ☞

垂直と平行 ②

1 下の図で，平行になっている直線はどれとどれですか。三角じょうぎを使って調べ，記号で答えましょう。(40点)〔　〕1つ20

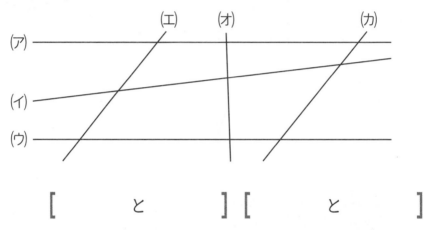

[　　　と　　　] [　　　と　　　]

2 三角じょうぎを使って，次の直線をかきましょう。(60点)1つ30

❶ 点アを通り，(イ)の直線に平行な直線

❷ 直線(ウ)に平行で，直線(ウ)から１cmのはばの２本の直線

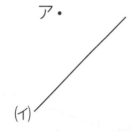

(ウ)―――――――

答えは88ページ☞

垂直と平行 ③

月　　日

得点

点／合かく80点

1 下の図を見て，記号で答えましょう。(100点) 1つ20

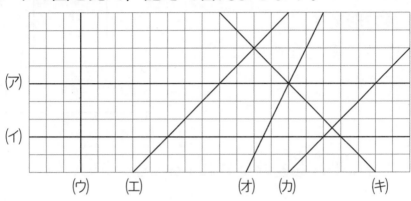

❶ (ア)の直線に垂直な直線はどれですか。

[　　　　]

❷ (ア)の直線に平行な直線はどれですか。

[　　　　]

❸ (ウ)の直線に垂直な直線はどれですか。すべて答え
ましょう。　　　　　　　[　　　　　]

❹ (エ)の直線に平行な直線はどれですか。

[　　　　]

❺ (キ)の直線に垂直な直線はどれですか。すべて答え
ましょう。　　　　　　　[　　　　　]

答えは88ページ

垂直と平行 ④

1 右の⑧は正方形で，⑩は
長方形です。（50点）1つ25

① ウカに垂直な直線はどれ
ですか。

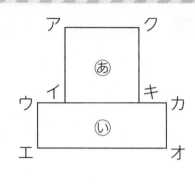

[　　　　　　　　　　]

② ウカに平行な直線はどれですか。

[　　　　　　　　　　　　　　]

2 右の図で，㋐と
㋑の直線は平行
です。

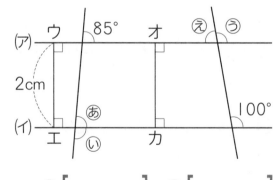

① ⑧〜⑳の角度は
何度ですか。
（40点）[ ] 1つ10

⑧ [　　　　　] ⑩ [　　　　　]

⑤ [　　　　　] ⑳ [　　　　　]

② オカの長さは何 cm ですか。（10点）

[　　　　　　　]

答えは89ページ ☞

四角形 ①

1 次の四角形の名まえを書きましょう。(60点)［　］1つ20

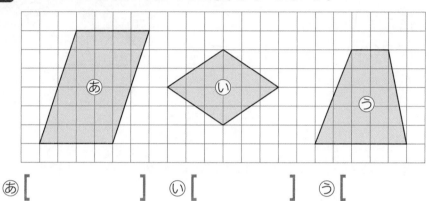

あ [　　　　　　　]　　い [　　　　　　　]　　う [　　　　　　　]

2 右の平行四辺形ABCDについて答えましょう。

(40点) 1つ10

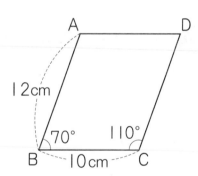

① 辺CDの長さは何cmですか。　　[　　　　　　　]

② 辺ADの長さは何cmですか。　　[　　　　　　　]

③ 角Aの大きさは何度ですか。　　[　　　　　　　]

④ 角Dの大きさは何度ですか。　　[　　　　　　　]

答えは89ページ

四角形 ②

1 右のひし形 ABCD について
答えましょう。

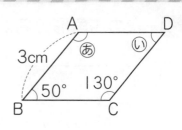

❶ 辺 BC の長さは何 cm です
か。（20点）

[　　　　　　　]

❷ あ，いの角の大きさは何度ですか。（20点）[ ] 1つ10

あ [　　　　　　　]　　い [　　　　　　　]

2 次のような四角形をかきましょう。（60点）1つ30
❶ 平行四辺形

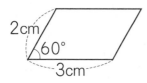

❷ ひし形

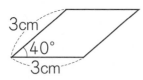

答えは89ページ ☞

四角形 ③

1 台形，平行四辺形，ひし形，長方形，正方形の中から，次の特ちょうをもつ四角形を全部答えましょう。

① 2本の対角線の長さが等しい。(20点)

[　　　　　　　　　　　　　　　　　　]

② 2本の対角線が垂直に交わる。(20点)

[　　　　　　　　　　　　　　　　　　]

③ 2本の対角線がそれぞれのまん中で交わる。(30点)

[　　　　　　　　　　　　　　　　　　]

2 下の図は，ある四角形の対角線をかいたものです。何という四角形ですか。(30点) 1つ10

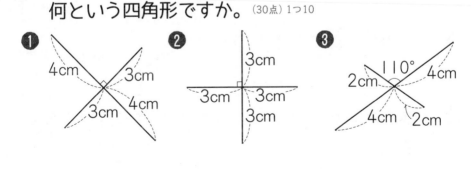

① 4cm 3cm 3cm 4cm

② 3cm 3cm 3cm 3cm

③ 2cm 110° 4cm 4cm 2cm

[　　　　　　] [　　　　　　] [　　　　　　]

答えは89ページ ☞

四角形 ④

1 下の図で，次のせいしつをもっている四角形を全部選んで，記号で答えましょう。(100点) 1つ25

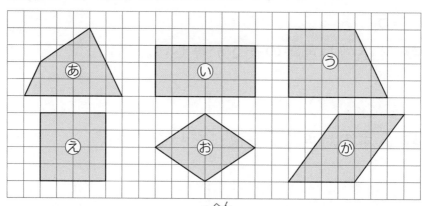

❶ 2組の向かい合っている辺の長さがそれぞれ等しい。

[　　　　　　　　]

❷ 4つの角の大きさが等しい。

[　　　　　　　　]

❸ 2本の対角線の長さが等しい。

[　　　　　　　　]

❹ 2本の対角線で切ると，4つの直角三角形に分かれる。

[　　　　　　　　]

答えは89ページ☞

整理のしかた ①

1 下の表は，子ども会に参加した人が選んだおかしと飲み物について調べたものです。

おかしと飲み物調べ

	クッキー	せんべい	あめ	合計(人)
緑茶	4	5	3	⑦
こう茶	⑦	2	5	14
ジュース	8	2	6	16
合計(人)	19	9	14	⑰

表のよみ方が
わかるかな?

❶ ⑦～⑰に入る数を書きましょう。(30点)[ ] 1つ10

⑦ [　　　　] ⑦ [　　　　] ⑰ [　　　　]

❷ こう茶を選んだ人は，全部で何人ですか。(20点)

[　　　　　　]

❸ せんべいを選んだ人がいちばん多く選んだ飲み物は何ですか。(20点)

[　　　　　　]

❹ いちばん多い組み合わせは何と何ですか。(30点)

[　　　　　　]と[　　　　　　]

答えは89ページ ☞

整理のしかた ②

1 下の表は，ある組で犬とねこをかっている人について調べたものです。(100点) 1つ25

犬とねこをかっている人調べ

		犬 かっている	犬 かっていない	合計 (人)
ね こ	かっている	5	8	13
	かっていない	6	9	15
合計(人)		11	17	28

❶ 犬をかっている人は，全部で何人ですか。

[　　　　　　　]

❷ ねこをかっていない人は，全部で何人ですか。

[　　　　　　　]

❸ ねこをかっていて，犬をかっていない人は何人ですか。

[　　　　　　　]

❹ どちらもかっていない人は何人ですか。

[　　　　　　　]

答えは89ページ☞

小数のしくみ ①

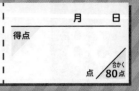

1 次のかさは何 L ですか。(20点)

1L

0.1L 0.1L

[　　　　　　　]

2 次の長さや重さを(　)の中の単位で表しましょう。

(40点) 1つ20

① 2984 m (km)　　　② 755 g (kg)

[　　　　　　]　　[　　　　　　　]

3 □ にあてはまる数を書きましょう。(40点)□1つ10

① 4.58 は, 1 を4こ, 0.1 を □ こ,

0.01 を □ こあわせた数です。

② 5.379 の9は □ の位の数字で,

□ が9こあることを表しています。

答えは89ページ ☞

小数のしくみ ②

1 ⑦〜㋓にあてはまる小数を書きましょう。

(60点)〔　〕1つ15

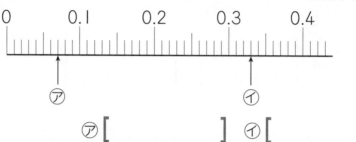

⑦〔　　　　　〕 ㋑〔　　　　　〕

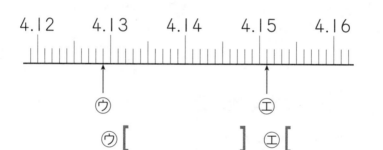

㋒〔　　　　　〕 ㋓〔　　　　　〕

2 ☐にあてはまる不等号を書きましょう。(40点) 1つ10

❶ 1.98 ☐ 2.01　　❷ 0.01 ☐ 0.001

❸ 0.086 ☐ 0.08　　❹ 4.05 ☐ 4.5

答えは89ページ

小数のしくみ ③

1 □にあてはまる数を書きましょう。(60点) 1つ15

❶ 3.68 は, 0.01 を [ ] に集めた数です。

❷ 0.01 を 230 こ集めた数は [ ] です。

❸ 1.325 は, 0.001 を [ ] に集めた数です。

❹ 0.001 を 407 こ集めた数は [ ] です。

2 4.69 という数について考えます。□にあてはまる数を書きましょう。(40点)□1つ10

❶ 4.69 は, 4 と [ ] をあわせた数です。

❷ 4.69 は, 1 を 4 こ, 0.1 を [ ] こ, 0.01 を [ ] こあわせた数です。

❸ 4.69 は, 4.7 より [ ] 小さい数です。

答えは90ページ ☞

小数のしくみ ④

1 次の数を 10 倍, $\frac{1}{10}$ にした数はいくつですか。

（60点）[ ] 1つ10

❶ 0.72

10倍 [　　　　　]　$\frac{1}{10}$ [　　　　　]

❷ 2.51

10倍 [　　　　　]　$\frac{1}{10}$ [　　　　　]

❸ 30.8

10倍 [　　　　　]　$\frac{1}{10}$ [　　　　　]

2 次の数を 100 倍した数はいくつですか。（30点）1つ10

❶ 1.56　　　　❷ 0.39　　　　❸ 0.015

[　　　　　] [　　　　　] [　　　　　]

3 25 を $\frac{1}{10}$ にした数はいくつですか。（10点）

[　　　　　]

小数のたし算とひき算 ①

1 計算をしましょう。（90点）1つ10

①
```
  3.16
+ 2.53
```

②
```
 12.32
+  0.47
```

③
```
  2.49
+ 1.23
```

④
```
  1.87
+ 5.64
```

⑤
```
  0.56
+ 0.49
```

⑥
```
 23.95
+11.06
```

⑦
```
  1.247
+ 3.136
```

⑧
```
  0.251
+ 0.786
```

⑨
```
  5.248
+ 9.934
```

2 ジュースがびんに 1.45L, コップに 0.16L 入っています。ジュースはあわせて何L ありますか。

（10点）

> 筆算で計算するときは
> 位をそろえて書こう。

[　　　　　　]

答えは90ページ ☞

小数のたし算とひき算 ②

1 計算をしましょう。(30点) 1つ10

① 　6.24
　+1.56

② 　8.17
　+1.83

③ 　0.071
　+0.429

2 筆算でしましょう。(45点) 1つ15

① 7.3+0.27　② 0.655+5.5　③ 16+4.12

3 くふうして計算しましょう。(25点) ❶1つ5, ❷❸1つ10

① 6.4+3.2+3.6

② 5.27+2.45+1.55

③ 1.25+4.8+0.75

答えは90ページ

小数のたし算とひき算 ③

1 計算をしましょう。(90点) 1つ10

①
```
  7.98
- 5.62
```

②
```
  3.76
- 0.34
```

③
```
  4.32
- 2.97
```

④
```
  8.23
- 7.54
```

⑤
```
  12.02
-  0.36
```

⑥
```
  6.28
- 3.2
```

⑦
```
  4.935
- 3.712
```

⑧
```
  3.431
- 2.565
```

⑨
```
  0.734
- 0.085
```

2 さとうが 2.42 kg あります。そのうち，0.18 kg 使うと，何 kg 残りますか。(10点)

[　　　　　　　]

答えは90ページ ☞

小数のたし算とひき算 ④

1 筆算でしましょう。（60点）1つ10

❶ 0.8−0.19　❷ 5.6−3.54　❸ 7.52−6.752

❹ 5−0.05　　❺ 3−1.892　❻ 10−9.999

2 くふうして計算しましょう。（40点）1つ20

❶ 10−0.29−0.71

❷ 15.5−1.125−3.875

何十でわるわり算

1 計算をしましょう。（80点）1つ10

❶ $80 \div 20$

❷ $90 \div 30$

❸ $240 \div 40$

❹ $350 \div 70$

❺ $70 \div 30$

❻ $260 \div 50$

❼ $450 \div 80$

❽ $600 \div 90$

2 長さ110cmのリボンを20cmずつ切り取ると，20cmのリボンは何本とれて，何cmあまりますか。（20点）

[　　　　　　　　　　　　]

LESSON 46

わり算の筆算 ⑥

月　日

得点

点 / 合かく 75点

1 計算をしましょう。（90点）1つ15

❶ $23\overline{)69}$

❷ $39\overline{)78}$

❸ $15\overline{)48}$

❹ $26\overline{)83}$

❺ $14\overline{)69}$

❻ $16\overline{)92}$

2 75÷12 を筆算でして，答えのたしかめをしましょう。（10点）

たしかめの式

[　　　　　　　　　　]

答えは91ページ ☞

わり算の筆算 ⑦

1 計算をしましょう。（90点）1つ15

❶ $45\overline{)225}$　　❷ $34\overline{)272}$　　❸ $24\overline{)174}$

❹ $68\overline{)438}$　　❺ $12\overline{)113}$　　❻ $56\overline{)555}$

2 125このあめを，1人に15こずつ分けると，何人に分けられて，何こあまりますか。（10点）

[　　　　　　　　　　　]

わり算の筆算 ⑧

1 計算をしましょう。（90点）1つ15

① $24\overline{)288}$　　② $17\overline{)589}$　　③ $19\overline{)810}$

④ $36\overline{)828}$　　⑤ $12\overline{)715}$　　⑥ $23\overline{)917}$

2 次のわり算で，商が十の位からたつのは，□ がどんな数のときですか。あてはまる数をすべて答えましょう。（10点）

　　□$2\overline{)412}$

[　　　　　]

わり算の筆算 ⑨

1 計算をしましょう。（90点）1つ15

①

$26\overline{)539}$

②

$18\overline{)910}$

③

$225\overline{)675}$

④

$314\overline{)840}$

⑤

$14\overline{)3766}$

⑥

$43\overline{)4160}$

2 840 まいのカードを 28 まいずつふくろに入れます。28 まい入りのふくろは何ふくろできますか。

（10点）

[　　　　　]

答えは91ページ ☞

わり算のくふう

1 ☐ にあてはまる数を書きましょう。(40点)☐1つ10

$$24 \div 3 = 8$$

↓ ×3　　↓ ×3

$$\boxed{} \div 9 = 8$$

↓ ×5　　↓ ×5

$$\boxed{} \div \boxed{} = \boxed{}$$

わられる数とわる数に
同じ数をかけても答えは
変わらないよ。

2 2500÷300 を, くふうして計算します。☐ にあ
てはまる数や式を書きましょう。(60点)☐1つ10

$$2500 \div 300$$

↓ ÷100　　↓ ÷100

$$\boxed{} \div \boxed{} = \boxed{\qquad あまり \qquad}$$

だから

$$2500 \div 300 = \boxed{\qquad あまり \qquad}$$

(答えのたしかめ)

$$\boxed{\qquad\qquad\qquad} = \boxed{\qquad}$$

答えは91ページ

面積 ①
めん せき

1 下の圏〜⊘の図形の面積は何 cm² ですか。

（100点）あ〜え1つ10，お〜く1つ15

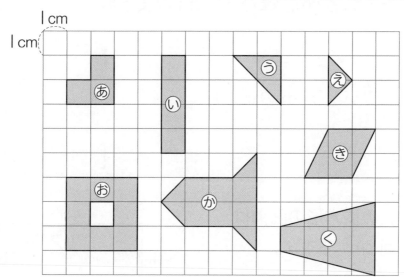

あ [　　　　　] 　 い [　　　　　]

う [　　　　　] 　 え [　　　　　]

お [　　　　　] 　 か [　　　　　]

き [　　　　　] 　 く [　　　　　]

答えは91ページ ☞

1 次の図形の面積を求めましょう。(50点) 1つ25

もと

1 たてが 8 cm, 横が 12 cm の長方形

[　　　　　　　]

2 1辺が 20 cm の正方形

へん

[　　　　　　　]

2 右の長方形の面積は
何 cm² ですか。(25点)

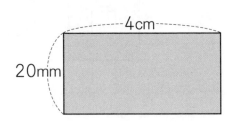

4cm

20mm

[　　　　]

3 右の正方形の面積は
何 cm² ですか。(25点)

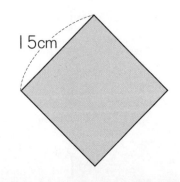

15cm

[　　　　]

面積 ③

1 右の長方形は，面積が 54 cm²
で，たての長さが 6 cm です。
横の長さは何 cm ですか。(25点)

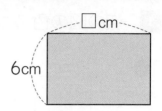

[　　　　　]

2 面積が 64 cm² で，横の長さが 4 cm の長方形の
たての長さは何 cm ですか。(25点)

[　　　　　]

3 下の長方形と正方形のまわりの長さは，どちらも
24 cm です。面積はそれぞれ何 cm² ですか。

(50点)[　]1つ25

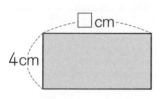

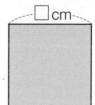

長方形 [　　　　　]　　　正方形 [　　　　　]

答えは92ページ ☞

面積の求め方のくふう

1 次の図の色のついた部分の面積を求めましょう。

（100点）1つ25

❶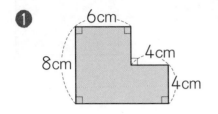

❷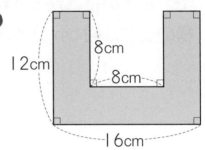

[　　　　　　] 　　　　　　[　　　　　　]

❸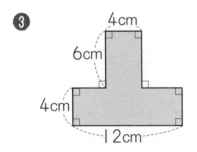

❹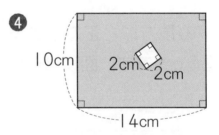

[　　　　　　] 　　　　　　[　　　　　　]

答えは92ページ

面積の単位 ①

月 日

得点

点 / 合かく 80点

1 たてが 2 m，横が 6 m の長方形の花だんの面積は何 m² ですか。また，何 cm² ですか。(40点)[ ] 1つ20

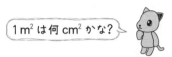

1 m² は何 cm² かな?

[   ] m²   [   ] cm²

2 1辺が 40 m の正方形の田んぼがあります。この田んぼの面積は何 m² ですか。また，何 a ですか。

(40点)[ ] 1つ20

[   ] m²   [   ] a

3 たて 200 m，横 400 m の長方形の土地の面積を求めます。(20点) 1つ10

❶ 単位を ha にして答えましょう。

[   ]

❷ 単位を a にして答えましょう。

[   ]

答えは92ページ ☞

面積の単位 ②

1 たて 4 km，横 7 km の長方形の町の面積は何 km² ですか。(15点)

[　　　　　　]

2 □にあてはまる数を書きましょう。(60点) 1つ20

① 5 a ＝ [　　　] m²　　② 60000 m² ＝ [　　　] ha

③ 4 km² ＝ [　　　　] m²

3 面積の単位の関係を調べます。□にあてはまる数を書きましょう。(25点)□1つ5

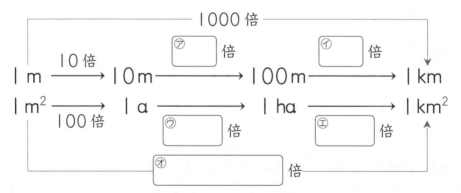

答えは92ページ ☞

およその数

1 次の数を四捨五入で,〔　〕の中の位までのがい数で表しましょう。(40点) 1つ10

❶ 6524 〔千の位〕

❷ 240695 〔一万の位〕

[　　　　　　]　　　　　[　　　　　　]

❸ 5942 〔上から1けた〕

❹ 9040 〔上から2けた〕

[　　　　　　]　　　　　[　　　　　　]

2 四捨五入で, 上から2けたのがい数にしたとき, 140cmになる長さのはんいを, 以上, 未満を使って表しましょう。(20点)

[　　　　　　　　　　　　　]

3 次の数を〔　〕の中のがい数で表しましょう。
(40点) 1つ20

❶ 3629
〔切り捨てて, 上から1けた〕

❷ 784500
〔切り上げて, 一万の位まで〕

[　　　　　　]　　　　　[　　　　　　]

答えは92ページ ☞

計算の見積もり ①

1 右の表は，A市とB市の
人口を表したものです。

A市	258887 人
B市	275029 人

❶ A市とB市を合わせた人口
は，約何万人ですか。それぞれの人口を，四捨五
入して一万の位までのがい数にしてから，見積も
りましょう。(30点)

[　　　　　　　]

❷ A市とB市の人口のちがいは，約何万何千人ですか。
それぞれの人口を，四捨五入して千の位までのがい
数にしてから，見積もりましょう。(30点)

[　　　　　　　]

2 四捨五入して百の位までのがい数にしてから，和
や差を見積もりましょう。(40点) 1つ20

❶ 1782+2109　　　❷ 8625-5599

答えは92ページ ☞

計算の見積もり ②

月　　日

得点

点／合かく80点

1 まゆみさんの学校の4年生108人が遠足に行きます。電車代は，1人390円です。全員分の電車代はおよそ何円になりますか。108，390 をそれぞれ四捨五入して上から1けたのがい数にしてから，見積もりましょう。(30点)

[　　　　　　]

2 リボンを18m買うと，代金は5760円になります。このリボン1mのねだんはおよそ何円ですか。18，5760 をそれぞれ四捨五入して上から1けたのがい数にしてから，見積もりましょう。(30点)

[　　　　　　]

3 四捨五入して上から1けたのがい数にしてから，積や商を見積もりましょう。(40点) 1つ20

❶ 4025×491

❷ 19599÷417

答えは92ページ ☞

小数のかけ算 ①

1 計算をしましょう。（20点）1つ10

❶ 0.2×3　　　　❷ 0.6×4

2 計算をしましょう。（60点）1つ10

❶　　 1.6
　　$\times$　　 3

❷　　 2.7
　　$\times$　　 9

❸　 18.5
　　$\times$　　 4

❹　　 1.4
　　$\times$ 4 3

❺　 13.7
　　$\times$　 2 5

❻　　 4.8
　　$\times$ 5 0

3 水が 1.8 L 入ったペットボトルが 12 本あります。
水は全部で何Lありますか。（20点）

[　　　　　　]

答えは93ページ ☞

小数のかけ算 ②

1 計算をしましょう。（60点）1つ10

❶
```
  2.45
×    3
```

❷
```
  0.84
×    6
```

❸
```
 23.15
×     4
```

❹
```
  0.16
×   34
```

❺
```
  2.74
×   73
```

❻
```
  5.06
×   45
```

2 1この重さが0.25kgのかんづめが8こあります。
全部の重さは何kgになりますか。（20点）

[　　　　　　　]

3 3.14mの20倍の長さは何mですか。（20点）

[　　　　　　　]

答えは93ページ

小数のかけ算 ③

1 計算をしましょう。（90点）1つ15

① 　0.152
　×　　　7

② 　1.308
　×　　　4

③ 　0.085
　×　　　8

④ 　0.387
　×　　　12

⑤ 　2.136
　×　　　34

⑥ 　1.026
　×　　　25

2 1周2.195kmのサイクリングコースを，自転車で毎日1周ずつ31日間走ると，走った道のりは全部で何kmですか。（10点）

計算ミスに注意しよう。

[　　　　　　　]

答えは93ページ ☞

小数のわり算 ①

1 計算をしましょう。(20点) 1つ10

① $2.4 \div 6$　　　　② $3.6 \div 3$

2 計算をしましょう。(60点) 1つ10

① $4 \overline{)5.6}$　　② $6 \overline{)25.2}$　　③ $7 \overline{)4.9}$

④ $23 \overline{)27.6}$　　⑤ $16 \overline{)94.4}$　　⑥ $13 \overline{)7.8}$

3 12 m の重さが 22.8 kg の鉄パイプがあります。この鉄パイプ 1 m の重さは何 kg ですか。(20点)

[　　　　　　　]

答えは93ページ ☞

LESSON 64

小数のわり算 ②

月　日

得点

点　合かく 75点

1 計算をしましょう。(90点) 1つ15

❶ $4\overline{)9.84}$

❷ $3\overline{)2.67}$

❸ $8\overline{)0.344}$

❹ $26\overline{)45.76}$

❺ $36\overline{)8.28}$

❻ $23\overline{)1.242}$

2 5.25 L のジュースを 15 人で等分します。1 人分は何 L になりますか。(10点)

[　　　　]

答えは93ページ ☞

小数のわり算 ③

1 わり切れるまで計算しましょう。（90点）1つ15

①
$6 \overline{)9}$

②
$8 \overline{)26}$

③
$34 \overline{)17}$

④
$25 \overline{)1}$

⑤
$4 \overline{)7.4}$

⑥
$18 \overline{)0.45}$

2 長さ3.6mのロープを8等分すると，1本分の長さは何mになりますか。（10点）

[　　　　　]

小数のわり算 ④

1 商は一の位まで求めて，あまりも出しましょう。
また，答えのたしかめもしましょう。（80点）[ ] 1つ20

❶

$4\overline{)49.1}$

❷

$26\overline{)75.6}$

[　　　　　　] 　 [　　　　　　　]

（たしかめの式）　　　　　（たしかめの式）

[　　　　　　] 　 [　　　　　　　]

2 25.6 kg の土を 3kg ずつふくろに入れると，3kg
の土が入ったふくろは何ふくろできて，土は何 kg
あまりますか。（20点）

[　　　　　　　　　　　　　]

答えは93ページ

小数のわり算 ⑤

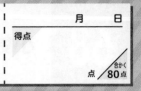
1 商は四捨五入して, $\frac{1}{100}$ の位までのがい数で表しましょう。(40点) 1つ20

①

$9\overline{)6}$

②

$12\overline{)25.6}$

2 商は四捨五入して, 上から1けたのがい数で表しましょう。(40点) 1つ20

①

$7\overline{)20}$

②

$85\overline{)74.7}$

3 2.5Lのお茶を18人で等分すると, 1人分はおよそ何Lになりますか。答えは四捨五入して, 上から2けたのがい数で表しましょう。(20点)

[　　　　　　]

小数の倍

1 右の表は，りくさんとあおいさん，ゆうきさんの3人の今月読んだ本のさっ数の記録です。

今月読んだ本のさっ数の記録

	さっ数 (さつ)
あおい	8
りく	20
ゆうき	24

❶ ゆうきさんのさっ数は，りくさんのさっ数の何倍かを求めます。□にあてはまる数を書きましょう。（30点）

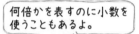
何倍かを表すのに小数を使うこともあるよ。

$$\boxed{} \div \boxed{} = \boxed{} \text{（倍）}$$

ゆうきさん　　りくさん
のさっ数　　　のさっ数

❷ あおいさんのさっ数は，りくさんのさっ数の何倍ですか。（30点）

[　　　　　　　]

2 27mは15mの何倍の長さですか。（20点）

[　　　　　　　]

3 18kgは30kgの何倍の重さですか。（20点）

[　　　　　　　]

答えは94ページ ☞

分 数 ①

1 下の分数を，真分数，仮分数，帯分数に分けて，記号で答えましょう。(30点) [ ] 1つ10

㋐ $\frac{3}{4}$　　㋑ $\frac{6}{5}$　　㋒ $1\frac{1}{2}$　　㋓ $\frac{7}{3}$　　㋔ $3\frac{1}{6}$

真分数　　　　　　　仮分数　　　　　　　帯分数

[　　　　　] [　　　　　] [　　　　　]

2 次の仮分数を，帯分数か整数になおしましょう。

(20点) 1つ10

❶ $\frac{17}{5}$ [　　　　　]　　❷ $\frac{16}{4}$ [　　　　　]

3 次の帯分数を，仮分数になおしましょう。(20点) 1つ10

❶ $4\frac{2}{3}$ [　　　　　]　　❷ $3\frac{5}{7}$ [　　　　　]

4 次の □ にあてはまる等号や不等号を書きましょう。

(30点) 1つ15

❶ $\frac{12}{9}$ □ $1\frac{2}{9}$　　❷ $\frac{36}{9}$ □ 4

答えは94ページ☞

分 数 ②

1 □ にあてはまる数を書きましょう。（60点）1つ15

❶ $\dfrac{1}{2} = \dfrac{\boxed{}}{4} = \dfrac{\boxed{}}{6} = \dfrac{\boxed{}}{8}$

❷ $\dfrac{1}{4} = \dfrac{\boxed{}}{8}$

❸ $\dfrac{2}{3} = \dfrac{\boxed{}}{6} = \dfrac{\boxed{}}{9}$

❹ $\dfrac{\boxed{}}{5} = \dfrac{2}{10}$

2 次の分数を小さい順に書きましょう。（30点）1つ15

❶ $\left(\dfrac{2}{7}, \ \dfrac{2}{10}, \ \dfrac{2}{4} \right)$ 　　❷ $\left(\dfrac{5}{9}, \ \dfrac{5}{6}, \ \dfrac{5}{8} \right)$

[　　　　　　　] 　[　　　　　　　　　]

3 下の □ にあてはまる 10 以下の整数を全部書きましょう。（10点）

$\dfrac{3}{4} > \dfrac{3}{\boxed{}}$

[　　　　　　　　]

答えは94ページ ☞

分数のたし算 ①

1 計算をしましょう。(60点) 1つ15

① $\dfrac{2}{4} + \dfrac{3}{4}$

② $\dfrac{8}{7} + \dfrac{4}{7}$

③ $\dfrac{13}{9} + \dfrac{10}{9}$

④ $\dfrac{7}{3} + \dfrac{5}{3}$

2 水がやかんに $\dfrac{7}{5}$ L 入っています。そこに，水を $\dfrac{2}{5}$ L 加えると，やかんの水は何 L になりますか。

(20点)

[　　　　　　]

3 赤いテープの長さは $\dfrac{9}{8}$ m です。青いテープは，赤いテープより $\dfrac{7}{8}$ m 長いです。青いテープの長さは何mですか。(20点)

[　　　　　　]

分数のたし算 ②

1 計算をしましょう。(80点) 1つ20

① $1\frac{1}{6}+2\frac{4}{6}$

② $1\frac{1}{7}+\frac{5}{7}$

③ $\frac{7}{8}+3\frac{4}{8}$

④ $1\frac{2}{3}+1\frac{1}{3}$

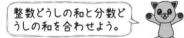 整数どうしの和と分数どうしの和を合わせよう。

2 1本のテープを2本に切ると，2mと$1\frac{4}{9}$mに分かれました。テープのはじめの長さは何mですか。

(20点)

[　　　　　]

答えは94ページ ☞

分数のひき算 ①

1 計算をしましょう。(60点) 1つ15

① $\dfrac{8}{7} - \dfrac{2}{7}$

② $\dfrac{15}{9} - \dfrac{8}{9}$

③ $\dfrac{7}{2} - \dfrac{4}{2}$

④ $\dfrac{13}{4} - \dfrac{5}{4}$

2 牛にゅうが $\dfrac{9}{5}$ L あります。そのうち，$\dfrac{1}{5}$ L 飲むと，残りは何 L になりますか。(20点)

[　　　　　　]

3 みゆきさんは，昨日，$\dfrac{7}{6}$ 時間ピアノの練習をしました。今日の練習時間は，昨日より $\dfrac{1}{6}$ 時間短いです。今日の練習時間は何時間ですか。(20点)

[　　　　　　]

答えは95ページ ☞

分数のひき算 ②

1 計算をしましょう。（80点）1つ20

① $3\dfrac{2}{3} - 1\dfrac{1}{3}$

② $1\dfrac{1}{5} - \dfrac{4}{5}$

③ $4\dfrac{3}{7} - 3\dfrac{5}{7}$

④ $2 - \dfrac{1}{6}$

2 全長 8 km のハイキングコースを歩いています。今，スタート地点から $3\dfrac{2}{5}$ km のところにいます。ゴールまであと何 km ありますか。（20点）

[　　　　　　　]

変わり方 ①

1 りんごとみかんを合わせて 12 こ買います。

① りんごの数とみかんの数の関係を表にして調べます。下の表のあいているところにあてはまる数を書きましょう。(40点) 1つ10

りんごの数(こ)	1	2	3	4	5	
みかんの数(こ)	11					

② りんごの数が 1 こずつふえると，みかんの数はどのように変わりますか。(20点)

[　　　　　　　　　　　　　　]

③ りんごの数を □ こ，みかんの数を ○ ことして，□ と ○ の関係を式に表しましょう。(20点)

[　　　　　　　　　　　　　　]

④ みかんを 3 こ買うとき，りんごを何こ買うことになりますか。(20点)

[　　　　　　　　　　　　　　]

1 　1辺が1cmの正三角形の紙を，下の図のようにならべます。

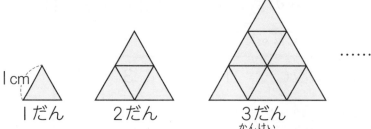

1cm
1だん　　　　2だん　　　　　3だん　　　　……

❶ だんの数と，まわりの長さの関係を調べます。下の表のあいているところにあてはまる数を書きましょう。（40点）1つ10

だんの数（だん）	1	2	3	4	5	
まわりの長さ（cm）	3					

❷ だんの数を □ だん，まわりの長さを ○ cm として，□ と ○ の関係を式に表しましょう。（20点）

[　　　　　　　　　　　　　　　]

❸ ❶の表の続きを書きます。下の表の⑦，⑦にあてはまる数を書きましょう。（40点）1つ20

だんの数（だん）		10		⑦	
まわりの長さ（cm）		⑦		45	

変わり方 ③

1 下の表は, 別々の浴そうに⑦, ①2つのじゃ口から, それぞれ同じ量ずつ水を入れたとき, 入れた時間とたまった水の量を表したものです。

⑦から水を入れた時間と水の量

時間(分)	2	4	6	8
水の量(L)	16	32	48	64

①から水を入れた時間と水の量

時間(分)	2	4	6	8
水の量(L)	20	40	60	80

❶ 水を入れた時間を □ 分, 水の量を ○ L として, ⑦, ①の □ と ○ の関係を式に表しましょう。

(60点) [ ] 1つ30

⑦ [　　　　　　　　] ① [　　　　　　　　]

❷ ⑦のじゃ口から出る水の量は, ①のじゃ口から出る水の量の何倍ですか。(20点)

[　　　　　　]

❸ どちらのじゃ口がはやく水がたまりますか。(20点)

[　　　　　]

直方体と立方体 ①

1 □にあてはまることばを書きましょう。（10点）1つ5

❶ 長方形だけや，長方形と正方形でかこまれた形を

　　　　　　　　　　　といいます。

❷ 正方形だけでかこまれた形を　　　　　　　　と

いいます。

2 直方体や立方体について，右の表にまとめます。⑦〜⑰にあてはまる数を書きましょう。（30点）1つ5

	面の数	辺の数	頂点の数
直方体	⑦	⑦	⑦
立方体	⑦	⑦	⑦

3 下の直方体で，辺の数はそれぞれ何本ですか。

（60点）[　]1つ20

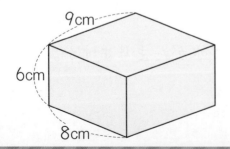

9 cm の辺 [　　　　　]

8 cm の辺 [　　　　　]

6 cm の辺 [　　　　　]

答えは95ページ

直方体と立方体 ②

1 右の展開図を組み立てます。（80点）1つ20

① できる立体の名まえを書きましょう。

　　[　　　　　　　　]

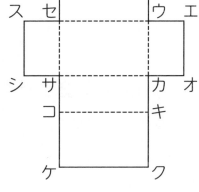

② 点アと重なる点を全部答えましょう。

　　[　　　　　　　　]

③ 辺アイと重なる辺はどれですか。　[　　　　　　]

④ 辺エオと重なる辺はどれですか。

　　　　　　　　　　　　[　　　　　　　　]

2 下のあ～うの図のうち，組み立てたとき立方体ができるものを選んで，記号で答えましょう。（20点）

あ 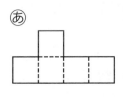　　い 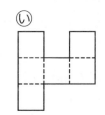　　う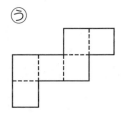

　　　　　　　　　　　　　[　　　　　　　　]

答えは96ページ ☞

直方体と立方体 ③

1 右の直方体について答えましょう。

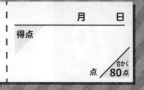

① あの面と平行な面はどれですか。
（20点）

[　　　　　　　]

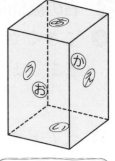

② うの面と垂直な面を全部答えましょう。（30点）

[　　　　　　　]

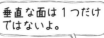
垂直な面は１つだけではないよ。

2 右の展開図からさいころを組み立てます。さいころは，平行な面の数の和がどれも７になります。

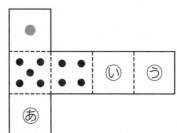

① あ，い，うに入る目の数を数字で答えましょう。（30点）[　]１つ10

あ[　　　　] い[　　　　] う[　　　　]

② ５の目の面と垂直な面の目の数を数字ですべて答えましょう。（20点）

[　　　　　　　]

答えは96ページ ☞

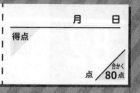

LESSON 81 直方体と立方体 ④

1 右の直方体について答えましょう。（100点）1つ20

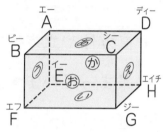

❶ 辺 AB と平行な辺を全部答えましょう。

[　　　　　　　　　]

❷ 辺 AB と垂直な辺を全部答えましょう。

[　　　　　　　　　]

❸ ⓘの面と平行な辺を全部答えましょう。

[　　　　　　　　　]

❹ ⓘの面と垂直な辺を全部答えましょう。

[　　　　　　　　　]

❺ 頂点Aに集まる辺のうち，それぞれ2本の辺の交わり方を何といいますか。

[　　　　　　　　　]

答えは96ページ ☞

直方体と立方体 ⑤

1 □ にあてはまることばや数を書きましょう。

（75点）□1つ15

❶ 直方体や立方体では，１つの頂点に □ つの辺が
集まっています。

❷ 直方体の大きさは， □ ， □ ，
□ の３つの辺の長さで決まります。

❸ 立方体の大きさは， □ の長さで決まりま
す。

2 たて６cm，横８cm，高さ４cm の直方体の見取図
をかきました。正しくかけているのは，どれです
か。記号で答えましょう。（25点）

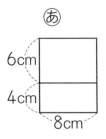
あ
6cm
4cm
8cm

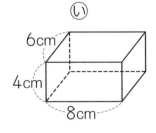
い
6cm
4cm
8cm

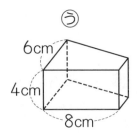
う
6cm
4cm
8cm

[　　　　　]

位置の表し方 ①

月　　日
得点
点 ／ 合かく 80点

1 右の図で, 点アをもとにすると, 点イの位置は(横2cm, たて3cm)と表せます。

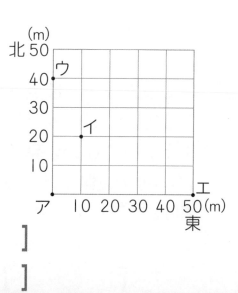

① 点ウ, エの位置を表しましょう。

(40点)[　]1つ20

点ウ [　　　　　　　　]

点エ [　　　　　　　　]

② 点オ(横4cm, たて1cm)を図にかきましょう。

(20点)

2 右の図で, 点アをもとにすると, 点イの位置は(東10m, 北20m)と表せます。点ウ, エの位置を表しましょう。

(40点)[　]1つ20

点ウ [　　　　　　　　]

点エ [　　　　　　　　]

答えは96ページ ☞

1 右の直方体で，頂点A をもとにすると，頂点 Bの位置は，（横０cm， たて０cm，高さ６cm） と表せます。次の頂点 の位置を表しましょう。

（80点）[　]１つ20

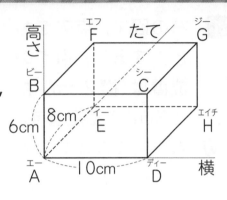

頂点C [（横　　cm，たて　　cm，高さ　　cm）]

頂点F [（横　　cm，たて　　cm，高さ　　cm）]

頂点H [（横　　cm，たて　　cm，高さ　　cm）]

頂点G [（横　　cm，たて　　cm，高さ　　cm）]

2 右の直方体で，頂点A をもとにしたとき，（横 ８cm，たて０cm，高さ 10cm）の位置にある頂 点はどれですか。（20点）

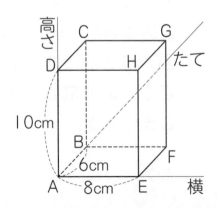

[　　　　　]

① 角の大きさ ①　　　1 ページ

1 ❶角度　❷90　❸180
❹4, 360

2 ⓘ

≫考え方 2直角は直角2こ分，3直角は直角3こ分の大きさです。

② 角の大きさ ②　　　2 ページ

1 ❶60°　❷130°　❸145°
❹35°

2 ❶205°　❷320°

≫考え方 ❶「180°にたす」　❷「360°からひく」というやり方で求めます。

③ 角の大きさ ③　　　3 ページ

1 ❶110°
❷ⓘ70°　ⓤ110°　ⓔ70°

≫考え方 ❷ 180°－ⓐ＝ⓘ　180°－ⓘ＝ⓤ
180°－ⓐ＝ⓔ から考えます。

2 ❶ⓐ75°　ⓘ105°
❷ⓐ45°　ⓘ315°

≫考え方 ❶180°－ⓐ＝ⓘ，
❷360°－ⓐ＝ⓘ から考えます。

④ 三角じょうぎの角　　　4 ページ

1 ⓐ60　ⓘ90　ⓤ30　ⓔ45
ⓞ90　ⓚ45

2 ⓐ75°　ⓘ135°　ⓤ15°
ⓔ45°

≫考え方 **1**で求めた角度の組み合わせで考えます。ⓐは 30°＋45°＝75° です。

⑤ 角のかき方　　　5 ページ

1 ❶(例)

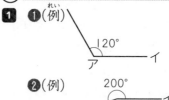

❷(例)

200°

≫考え方 ❷アイをのばして，線をひき，それをもとにして
20° をはかって，線をひきます。
180°＋20°＝200° です。

2 図はしょうりゃく

≫考え方 ❶の場合，4 cm の辺をかき，両はしから 70°，60° をそれぞれはかって直線をひきます。

⑥ 大きい数 ①　　　6 ページ

1 ❶3794570000
❷16080000000000
❸3005000000000
❹72000000000

2 ❶487　❷4870

≫考え方 ❷4870|0000000
　　　　　　千万

⑦ 大きい数 ②　　　7 ページ

1 ㋐7000億　㋑8500億
㋒9900億　㋓1兆1200億

2 **①** <　**②** >　**③** >　**④** <

>>>考え方 **①**，**②**まず，けた数をたしかめます。

⑧ 大きい数 ③　　　8ページ

1 **①** 340億　**②** 20兆
③ 8000億　**④** 5兆7000億

>>>考え方 100倍すると位が2けた，1000倍すると位が3けた上がります。

2 **①** 9876543201
② 1000000001

>>>考え方 **①**はいちばん大きい数，**②**はいちばん小さい数をつくってから考えます。

⑨ 大きい数の計算 ①　　　9ページ

1 **①** 9億　**②** 124億　**③** 40兆
④ 7億　**⑤** 456億　**⑥** 30兆

2 **①**和…201億，差…45億
②和…395兆，差…77兆

⑩ 大きい数の計算 ②　　　10ページ

1 **①** 30885　**②** 222640
③ 330063

>>>考え方 **②**，**③**筆算ではかける数の十の位の0の計算を省いて書きます。

2
```
①    2400
   ×  120
      48
    24
   288000
```
```
②     370
    × 6200
      74
    222
   2294000
```

>>>考え方 0を省いて計算して，その積の右に省いたこ数の0をつけましょう。

3 38500円

>>>考え方 式は 308×125＝38500 です。

---

⑪ 折れ線グラフ ①　　　11ページ

1 **①**午後2時で27度
②午前10時と午後8時
③午前6時から午前8時の間

>>>考え方 **③**線のかたむきが急なほど変わり方が大きくなります。

⑫ 折れ線グラフ ②　　　12ページ

1 ウ

2 イ

3 **①** 1g　**②** 2g

>>>考え方 **①**は5gを5つに，**②**は10gを5つに，それぞれ分けています。

⑬ 折れ線グラフ ③　　　13ページ

1 **①**
②

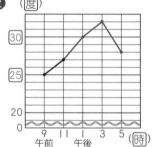

⑭ 折れ線グラフ ④　　　14ページ

1 **①** 12日　**②** 15日　**③**いえない

>>>考え方 ぼうグラフは左の目もりを，折れ線グラフは右の目もりを読みます。**③**気温が高い14日，15日，18日には売れた数は少ないので，気温が上がるほど，売れた数がふえるとはいえません。

⑮ 何十・何百のわり算　15ページ

1 ❶30 ❷20 ❸10 ❹30
❺300 ❻200 ❼800
❽500

2 30まい

≫考え方 式は 120÷4=30 です。

⑯ わり算の筆算①　16ページ

1 ❶39 ❷23 ❸28
❹13 ❺16 ❻47

2 15人

≫考え方 式は 45÷3=15 です。

⑰ わり算の筆算②　17ページ

1 ❶14あまり2　❷16あまり2
❸21あまり3　❹32あまり1
❺10あまり3　❻30あまり2

≫考え方 ❺
```
      1 0
  8 ) 8 3
      8
      3
      0
      3
```
❻
```
      3 0
  3 ) 9 2
      9
      2
      0
      2
```
ここは書かなくてもかまいません。

2 計算…97÷4=24 あまり1
たしかめの式…4×24+1=97

≫考え方 たしかめの式の答えがわられる数になれば，商とあまりは正しいです。

⑱ わり算の筆算③　18ページ

1 ❶256 ❷243 ❸125
❹135あまり5
❺128あまり6
❻172あまり4

2 1人分は198まいになって，
2まいあまる。

≫考え方 式は 596÷3=198 あまり2 です。

⑲ わり算の筆算④　19ページ

1 ❶140 ❷130 ❸209
❹420あまり1
❺104あまり3
❻104あまり6

≫考え方 ❶
```
      1 4 0
  3 ) 4 2 0
      3
      1 2
      1 2
          0
```
❸
```
      2 0 9
  4 ) 8 3 6
      8
        3 6
        3 6
          0
```
❶，❷，❹は一の位の計算を，❸，❺，❻は十の位の計算を省いて書きます。

2 180 mL

≫考え方 式は 720÷4=180 です。

⑳ わり算の筆算⑤　20ページ

1 ❶48 ❷49 ❸81
❹93あまり2　❺76あまり2
❻30あまり4

≫考え方 わられる数の百の位の数字が，わる数より小さいとき，商は十の位からたちます。

2 1, 2, 3

≫考え方 百の位の数が4より小さい数のとき，商が十の位からたちます。

㉑ 倍の計算　21ページ

1 12倍

≫考え方 式は 60÷5=12 です。

2 18こ

≫考え方 りんごの数を□ことすると，□×4=72 で，式は 72÷4=18 です。

3 900 円

≫考え方 式は 6÷3=2，450×2=900
です。450÷3=150，150×6=900
としてもかまいません。

㉒ **わり算の暗算**　　22 ページ

1 ⑦16　④30　⑦16　④8
　　⑦38　⑦38

2 ⑦16　④160

3 ❶15　❷270

≫考え方 ❶75 を 50 と 25 に分けます。
❷54÷2 の答えを 10 倍した数です。

㉓ **計算のじゅんじょ ①**　　23 ページ

1 (順に)1000，180，470

2 (順に)200，3，90，4，960

3 ❶70　❷54　❸34　❹18

≫考え方 それぞれ次のように考えます。
❶9×8−4÷2=72−2=70
❷9×(8−4÷2)=9×6=54
❸(9×8−4)÷2=68÷2=34
❹9×(8−4)÷2=9×4÷2=18

㉔ **計算のじゅんじょ ②**　　24 ページ

1 ❶⑦　❷④　❸⑦　❹④

≫考え方 式のどの部分から順に計算するか
考えてから，問題を読んで考えましょう。

㉕ **計算のきまり ①**　　25 ページ

1 ❶6，6　❷11，4
　　❸55，100

2 ❶161　❷240

≫考え方 次のように考えます。
❶(20+3)×7=20×7+3×7=161
❷12×8+18×8=(12+18)×8
　　　　　　　　=30×8=240

3 1200 円

≫考え方 式は 160×4+140×4
=(160+140)×4=300×4=1200
です。

㉖ **計算のきまり ②**　　26 ページ

1 ❶50　❷100　❸5，5

2 ❶127　❷700　❸1485

≫考え方 次のように考えます。
❶89+27+11=100+27=127
❷4×7×25=100×7=700
❸99×15=(100−1)×15
　　　　　=100×15−1×15
　　　　　=1500−15=1485

3 ⑦

㉗ **垂直と平行 ①**　　27 ページ

1 あ，い，え，お

≫考え方 えは一方の直線をのばして，直角
に交わるかどうかを考えましょう。

2 ❶ 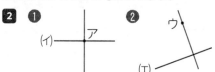　❷

㉘ **垂直と平行 ②**　　28 ページ

1 (⑦)と(⑦)，(エ)と(カ)

2 ❶ 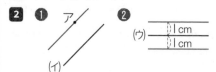　❷

㉙ **垂直と平行 ③**　　29 ページ

1 ❶(⑦)　❷(④)　❸(⑦)，(④)
　　❹(カ)　❺(エ)，(カ)

≫考え方 ❹，❺は 1 本の直線に垂直な 2 本
の直線は平行であることから考えましょう。

㉚ 垂直と平行 ④　　30ページ

1 ❶アイ，ウエ，キク，オカ

❷アク，エオ

2 ❶あ 85°　い 95°　う 100°

え 80°

❷2cm

≫考え方 ❶平行な直線は，ほかの1本の直線と等しい角度で交わります。❷平行な直線のはばは，どこも等しくなっています。

㉛ 四角形 ①　　31ページ

1 あ平行四辺形　いひし形

う台形

2 ❶12cm　❷10cm

❸110°　❹70°

㉜ 四角形 ②　　32ページ

1 ❶3cm　❷あ130°　い50°

2 図はしょうりゃく

㉝ 四角形 ③　　33ページ

1 ❶長方形，正方形

❷ひし形，正方形

❸平行四辺形，ひし形，長方形，正方形

2 ❶ひし形　❷正方形　❸平行四辺形

≫考え方 **1** で選んだ四角形から考えるとわかりやすくなります。

㉞ 四角形 ④　　34ページ

1 ❶い，え，お，か　❷い，え

❸い，え　❹え，お

≫考え方 ❹直角三角形に分かれるので，対角線が垂直に交わる四角形を考えます。

㉟ 整理のしかた ①　　35ページ

1 ❶⑦7　①12　⑦42

❷14人　❸緑茶

❹クッキーとジュース(ぎゃくでもよい)

≫考え方 ❶4+⑦+8=19　⑦+2+5=14のどちらで考えてもかまいません。
①は 4+5+3=12，⑦は 19+9+14=42 です。❹「合計」以外のらんで，いちばん多い数のらんのたて，横を見ます。

㊱ 整理のしかた ②　　36ページ

1 ❶11人　❷15人　❸8人

❹9人

≫考え方 ❹「どちらもかっていない」ですから，「ねこ，かっていない」と「犬，かっていない」が交わったらんを見ます。

㊲ 小数のしくみ ①　　37ページ

1 1.27L

2 ❶2.984km　❷0.755kg

≫考え方 ❶1m=0.001km です。
❷1g=0.001kg です。

3 ❶5，8　❷$\frac{1}{1000}$，0.001

≫考え方 ❷$\frac{1}{1000}$ の位は，小数第三位ともいいます。

㊳ 小数のしくみ ②　　38ページ

1 ⑦0.07　①0.33

⑦4.129　①4.151

≫考え方 ⑦，①の数直線の1目もりは 0.01を，⑦，①は0.001を表しています。

2 ❶<　❷>　❸>　❹<

≫考え方 ❶1.98は0.01の198こ分，2.01は0.01の201こ分としてくらべることもできます。

答え

㊴ 小数のしくみ ③　　　39 ページ

1 ❶ 368　❷ 2.3　❸ 1325
　　❹ 0.407

》》考え方 ❶「3 は 0.01 を 300 こ集めた
数, 0.6 は 0.01 を 60 こ集めた数,
0.08 は 0.01 を 8 こ集めた数」として,
3.68 は 0.01 の何こ分かを考えましょう。

2 ❶ 0.69　❷ 6, 9　❸ 0.01

》》考え方 ❸下のような数直線で考えると,
4.69 は 4.7 より 1 目もり分左にあるの
で, 0.01 小さいとわかります。

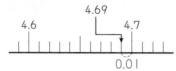

㊵ 小数のしくみ ④　　　40 ページ

1 ❶ 7.2, 0.072
　　❷ 25.1, 0.251
　　❸ 308, 3.08

2 ❶ 156　❷ 39　❸ 1.5

》》考え方 100 倍すると, 位は 2 けた上が
ります。

3 　2.5

㊶ 小数のたし算とひき算 ①　41 ページ

1 ❶ 5.69　❷ 12.79　❸ 3.72
　　❹ 7.51　❺ 1.05　❻ 35.01
　　❼ 4.383　❽ 1.037
　　❾ 15.182

2 　1.61 L

》》考え方 式は 1.45+0.16＝1.61 です。

㊷ 小数のたし算とひき算 ②　42 ページ

1 ❶ 7.8　❷ 10　❸ 0.5

2 ❶ 　7.3　　❷ 　0.655
　　　＋0.27　　　＋5.5
　　　　7.57　　　　6.155

　　❸ 　16
　　＋　4.12
　　　20.12

》》考え方 位をそろえて計算しましょう。

3 ❶ 13.2　❷ 9.27　❸ 6.8

》》考え方 ❶ 6.4＋3.6＝10 を,
❷ 2.45＋1.55＝4 を,
❸ 1.25＋0.75＝2 を先に計算します。

㊸ 小数のたし算とひき算 ③　43 ページ

1 ❶ 2.36　❷ 3.42　❸ 1.35
　　❹ 0.69　❺ 11.66　❻ 3.08
　　❼ 1.223　❽ 0.866
　　❾ 0.649

》》考え方 ❹, ❽, ❾の答えの「0.」を書く
ことをわすれないようにしましょう。

2 　2.24 kg

》》考え方 式は 2.42−0.18＝2.24 です。

㊹ 小数のたし算とひき算 ④　44 ページ

1 ❶ 　0.8　　❷ 　5.6
　　　−0.19　　　−3.54
　　　　0.61　　　　2.06

　　❸ 　7.52　　❹ 　5
　　　−6.752　　　−0.05
　　　　0.768　　　　4.95

　　❺ 　3　　　❻ 　10
　　　−1.892　　　−　9.999
　　　　1.108　　　　0.001

90

2 ❶9 ❷10.5

》考え方 ❶10-(0.29+0.71)=10-1,
❷15.5-(1.125+3.875)=15.5-5
と計算します。

㊺ 何十でわるわり算　　**45ページ**

1 ❶4　❷3　❸6　❹5
　　❺2あまり10　❻5あまり10
　　❼5あまり50　❽6あまり60

》考え方 10のまとまりで計算します。

2 5本とれて、10cmあまる。

》考え方 式は 110÷20=5 あまり10
です。

㊻ わり算の筆算⑥　　**46ページ**

1 ❶3　❷2　❸3あまり3
　　❹3あまり5　❺4あまり13
　　❻5あまり12

》考え方 わる数を何十と見て、商の見当を
つけて、商が大きすぎたら1ずつ小さく、
小さすぎたら1ずつ大きくしましょう。

2
```
      6      たしかめの式
 12)75       12×6+3=75
    72
     3
```

㊼ わり算の筆算⑦　　**47ページ**

1 ❶5　❷8　❸7あまり6
　　❹6あまり30　❺9あまり5
　　❻9あまり51

2 8人に分けられて、5こあまる。

》考え方 式は 125÷15=8 あまり5 です。

㊽ わり算の筆算⑧　　**48ページ**

1 ❶12　❷34あまり11
　　❸42あまり12　❹23

❺59あまり7

❻39あまり20

2 1, 2, 3

》考え方 商が十の位からたつのは、わる数
が41より小さいときです。

㊾ わり算の筆算⑨　　**49ページ**

1 ❶20あまり19
　❷50あまり10
　❸3　❹2あまり212
　❺269　❻96あまり32

》考え方 ❶, ❷一の位に商がたたないとき
には0をわすれずに書きましょう。

2 30 ぷくろ

》考え方 式は 840÷28=30 です。

㊿ わり算のくふう　　**50ページ**

1 (順に)72, 360, 45, 8

2 (順に)25, 3, 8あまり1,
　　8あまり100, 300×8+100,
　　2500

》考え方 筆算ですると、
右のようになります。あ
まりは、消した0の数だ
け0をつけます。
```
         8
 300)2500
      24
     100
```

51 面 積①　　**51ページ**

1 ⓐ 3cm²　ⓘ 4cm²　ⓤ 2cm²
　　ⓔ 1cm²　ⓞ 8cm²　ⓚ 8cm²
　　ⓩ 4cm²　ⓖ 8cm²

》考え方 方眼1この面積は1cm²です。
はんぱな方眼がある場合は、1この方眼に
なるように組み合わせて数えましょう。

㊾ 面 積 ②　　　　　**52 ページ**

1 ❶ 96 cm²　❷ 400 cm²

2 8 cm²

≫考え方 20 mm＝2 cm です。

3 225 cm²

㊾ 面 積 ③　　　　　**53 ページ**

1 9 cm

≫考え方 6×□＝54，□＝54÷6＝9 です。

2 16 cm

≫考え方 □×4＝64，□＝64÷4＝16
です。

3 長方形…32 cm²　正方形…36 cm²

≫考え方 まわりの長さは 24 cm なので，
長方形…24÷2＝12，4＋□＝12 です。
正方形…24÷4＝6，□＝6 です。

㊴ 面積の求め方のくふう　　**54 ページ**

1 ❶ 64 cm²　❷ 128 cm²
　　❸ 72 cm²　❹ 136 cm²

≫考え方 ❶ 8×6＋4×4＝64 です。
❷ 12×16－8×8＝128 です。
❸ 6×4＋4×12＝72 です。
❹ 10×14－2×2＝136 です。

㊵ 面積の単位 ①　　　**55 ページ**

1 12 (m²)，120000 (cm²)

2 1600 (m²)，16 (a)

3 ❶ 8 ha　❷ 800 a

≫考え方 ❶ 200×400＝80000 (m²)，
80000 m²＝8 ha　❷ 80000 m²＝800 a

㊶ 面積の単位 ②　　　**56 ページ**

1 28 km²

2 ❶ 500　❷ 6　❸ 4000000

≫考え方 1 a＝100 m²，1 ha＝10000 m²，
1 km²＝1000000 m² です。

3 ㋐ 10　㋑ 10　㋒ 100
　　㋓ 100　㋔ 1000000

≫考え方 1 辺の長さが 10 倍になると，面
積は 100 倍になることをたしかめましょう。

㊼ およその数　　　　**57 ページ**

1 ❶ 7000　❷ 240000
　　❸ 6000　❹ 9000

≫考え方 ❶，❷は〔 〕の1つ下の位を，❸，
❹は〔 〕の次のけたを四捨五入します。

2 135 cm 以上 145 cm 未満

≫考え方 上から3けた目の一の位を四捨五
入します。144.99…cm でも一の位は4で
切り捨てになるので，「145 cm 未満」となり
ます。

3 ❶ 3000　❷ 790000

≫考え方 ❶切り捨てるので，上から2けた
目以下を0にします。❷切り上げるので，
一万の位を1大きくして，それ以下の位を
0にします。

㊽ 計算の見積もり ①　　**58 ページ**

1 ❶ 約 54 万人　❷ 約 1 万 6 千人

≫考え方 ❶ 26 万＋28 万＝54 万，
❷ 27 万 5 千－25 万 9 千＝1 万 6 千 です。

2 ❶ 3900　❷ 3000

≫考え方 ❶ 1800＋2100＝3900，
❷ 8600－5600＝3000 となります。

㊾ 計算の見積もり ②　　**59 ページ**

1 およそ 40000 円

≫考え方 400×100＝40000 です。

2 およそ 300 円

≫考え方 6000÷20＝300 です。

③ ❶ 2000000 ❷ 50

≫考え方 ❶ 4000×500＝2000000
❷ 20000÷400＝50 となります。

⑥⓪ 小数のかけ算 ① 60ページ

1 ❶ 0.6 ❷ 2.4

2 ❶ 4.8 ❷ 24.3 ❸ 74
❹ 60.2 ❺ 342.5 ❻ 240

≫考え方 ❸，❻は小数点以下の0を消します。

3 21.6 L

≫考え方 式は 1.8×12＝21.6 です。

⑥① 小数のかけ算 ② 61ページ

1 ❶ 7.35 ❷ 5.04 ❸ 92.6
❹ 5.44 ❺ 200.02
❻ 227.7

2 2 kg

≫考え方 式は 0.25×8＝2 です。

3 62.8 m

≫考え方 式は 3.14×20＝62.8 です。

⑥② 小数のかけ算 ③ 62ページ

1 ❶ 1.064 ❷ 5.232
❸ 0.68 ❹ 4.644
❺ 72.624 ❻ 25.65

2 68.045 km

≫考え方 式は 2.195×31＝68.045 です。

⑥③ 小数のわり算 ① 63ページ

1 ❶ 0.4 ❷ 1.2

2 ❶ 1.4 ❷ 4.2 ❸ 0.7
❹ 1.2 ❺ 5.9 ❻ 0.6

≫考え方 小数÷整数では，商の小数点は，わられる数の小数点にそろえてうちます。

③ 1.9 kg

≫考え方 式は 22.8÷12＝1.9 です。

⑥④ 小数のわり算 ② 64ページ

1 ❶ 2.46 ❷ 0.89 ❸ 0.043
❹ 1.76 ❺ 0.23 ❻ 0.054

2 0.35 L

≫考え方 式は 5.25÷15＝0.35 です。

⑥⑤ 小数のわり算 ③ 65ページ

1 ❶ 1.5 ❷ 3.25 ❸ 0.5
❹ 0.04 ❺ 1.85 ❻ 0.025

≫考え方 ❶ 9 を9.0と，❷ 26を26.00 と考えます。

2 0.45 m

≫考え方 式は 3.6÷8＝0.45 です。

⑥⑥ 小数のわり算 ④ 66ページ

1 ❶ 12 あまり 1.1
たしかめの式
4×12＋1.1＝49.1
❷ 2 あまり 23.6
たしかめの式
26×2＋23.6＝75.6

≫考え方 あまりの小数点は，わられる数の小数点にそろえます。

2 8ふくろできて，1.6 kg あまる。

≫考え方 式は 25.6÷3＝8 あまり1.6 です。

⑥⑦ 小数のわり算 ⑤ 67ページ

1 ❶ 0.67 ❷ 2.13

≫考え方 $\frac{1}{1000}$ の位を四捨五入します。

2 ❶ 3 ❷ 0.9

≫考え方 商の上から2けた目を四捨五入します。

3 およそ0.14 L

≫考え方 式は 2.5÷18=0.138…… です。
上から2けたのがい数なので，上から3け
た目を四捨五入して，0.14 になります。

⑥⑧ 小数の倍　　68ページ

1 ❶(順に)24, 20, 1.2

　❷0.4倍

≫考え方 ❷りくさんのさっ数をもとにする
ので，式は 8÷20=0.4 となります。

2 1.8倍

≫考え方 式は 27÷15=1.8 となります。

3 0.6倍

≫考え方 式は 18÷30=0.6 となります。

⑥⑨ 分　数①　　69ページ

1 真分数…㋐　仮分数…㋑, ㋓

　帯分数…㋒, ㋔

2 ❶$3\frac{2}{5}$　❷4

≫考え方 ❶$\frac{17}{5}$→17÷5=3あまり2→$3\frac{2}{5}$，
❷$\frac{16}{4}$→16÷4=4→4 と求めます。

3 ❶$\frac{14}{3}$　❷$\frac{26}{7}$

≫考え方 ❶$4\frac{2}{3}$→3×4+2=14→$\frac{14}{3}$，
❷$3\frac{5}{7}$→7×3+5=26→$\frac{26}{7}$ と求めます。

4 ❶>　❷=

≫考え方 ❶$\frac{12}{9}$ を帯分数に，または，$1\frac{2}{9}$
を仮分数にしてくらべます。

⑦⓪ 分　数②　　70ページ

1 ❶(順に)2, 3, 4　❷2

　❸(順に)4, 6　❹1

2 ❶$\frac{2}{10}$, $\frac{2}{7}$, $\frac{2}{4}$

　❷$\frac{5}{9}$, $\frac{5}{8}$, $\frac{5}{6}$

≫考え方 分子が同じ分数では，分母が大き
いほど，分数の大きさは小さくなります。

3 5, 6, 7, 8, 9, 10

≫考え方 $\frac{3}{□}$ は，$\frac{3}{4}$ より小さい分数です。
分子は3で同じですから，分母は4より大
きく10以下の整数です。

⑦① 分数のたし算①　　71ページ

1 ❶$\frac{5}{4}$ $\left(1\frac{1}{4}\right)$　❷$\frac{12}{7}$ $\left(1\frac{5}{7}\right)$

　❸$\frac{23}{9}$ $\left(2\frac{5}{9}\right)$　❹4

≫考え方 ❹は整数になおして答えます。

2 $\frac{9}{5}$ L $\left(1\frac{4}{5}$ L$\right)$

≫考え方 式は $\frac{7}{5}+\frac{2}{5}=\frac{9}{5}$ です。

3 2 m

≫考え方 式は $\frac{9}{8}+\frac{7}{8}=\frac{16}{8}$ です。$\frac{16}{8}$ を
整数になおして答えましょう。

⑦② 分数のたし算②　　72ページ

1 ❶$3\frac{5}{6}$ $\left(\frac{23}{6}\right)$　❷$1\frac{6}{7}$ $\left(\frac{13}{7}\right)$

　❸$4\frac{3}{8}$ $\left(\frac{35}{8}\right)$　❹3

2 $3\frac{4}{9}$ m $\left(\frac{31}{9}$ m$\right)$

≫考え方 式は $2+1\frac{4}{9}=3\frac{4}{9}$ です。

㉃ 分数のひき算 ①　　73 ページ

1 ❶$\dfrac{6}{7}$　❷$\dfrac{7}{9}$　❸$\dfrac{3}{2}\left(1\dfrac{1}{2}\right)$

❹2

2 $\dfrac{8}{5}$ L $\left(1\dfrac{3}{5}$ L$\right)$

≫考え方 式は $\dfrac{9}{5}-\dfrac{1}{5}=\dfrac{8}{5}$ です。

3 1時間

≫考え方 式は $\dfrac{7}{6}-\dfrac{1}{6}=\dfrac{6}{6}$ です。$\dfrac{6}{6}$ を整数になおしましょう。

㉔ 分数のひき算 ②　　74 ページ

1 ❶$2\dfrac{1}{3}\left(\dfrac{7}{3}\right)$　❷$\dfrac{2}{5}$　❸$\dfrac{5}{7}$

❹$1\dfrac{5}{6}\left(\dfrac{11}{6}\right)$

≫考え方 分子がひけないときは，整数部分からくり下げた1を分数になおして計算します。❹は $1\dfrac{6}{6}-\dfrac{1}{6}$ と考えます。

2 $4\dfrac{3}{5}$ km $\left(\dfrac{23}{5}$ km$\right)$

≫考え方 式は $8-3\dfrac{2}{5}$ です。$7\dfrac{5}{5}-3\dfrac{2}{5}$ として計算します。

㉕ 変わり方 ①　　75 ページ

1 ❶(順に)10, 9, 8, 7

❷1こずつへる。

❸□+○=12

（□=12−○，○=12−□）

❹9こ

≫考え方 ❸表をたてにみると，
1+11=12, 2+10=12, 3+9=12
です。❹□+3=12 ですから，□=9 です。

㉖ 変わり方 ②　　76 ページ

1 ❶(順に)6, 9, 12, 15

❷3×□=○（□=○÷3,

3=○÷□）

❸㋐ 30　㋑ 15

≫考え方 ❶2だんでは，1辺が2cm，まわりの長さは6cmです。3だん，4だんも順に考えます。❷表をたてに見ると，どれもまわりの長さは3×(だんの数)になっています。
❸㋐は 3×10=30 です。
㋑は 3×□=45 ですから，□=15 です。

㉗ 変わり方 ③　　77 ページ

1 ❶㋐8×□=○（□=○÷8,

8=○÷□）

㋑10×□=○（□=○÷10,

10=○÷□）

❷0.8 倍　❸㋑

≫考え方 ❶じゃ口から出る水の量×時間=たまった水の量です。㋐は 8×2=16,
8×4=32, ……, ㋑は 10×2=20,
10×4=40, …… です。❷㋑のじゃ口から出る水の量をもとにして考えます。同じ時間の㋐，㋑それぞれのたまった水の量をくらべると，16÷20=0.8,
32÷40=0.8, 48÷60=0.8,
64÷80=0.8 となり，0.8 倍です。
❸❶の式でくらべるか，または同じ時間でたまる水の量でくらべます。

㉘ 直方体と立方体 ①　　78 ページ

1 ❶直方体　❷立方体

2 ㋐6　㋑12　㋒8　㋓6

㋔12　㋕8

3 9 cm の辺…4 本

8 cm の辺…4 本

6 cm の辺…4 本

》考え方 直方体には同じ長さの辺が 4 本ずつ 3 組あることをたしかめましょう。

---

79 **直方体と立方体 ②**　79 ページ

1 **❶** 直方体　**❷** 点ケ，点ス

❸ 辺ケク　**❹** 辺クキ

2 ⑤

》考え方 ⑥は面が 5 つしかありません。⑩は面が重なる部分があります。

---

80 **直方体と立方体 ③**　80 ページ

1 **❶** ⑩　**❷** ⑥，⑩，⑥，⑪

2 **❶** ⑥ 6　⑩ 2　⑤ 3

❷ 1，3，4，6

》考え方 **❶** 平行な面の数の和が 7 なので，⑥，⑩，⑤の面に平行な面をそれぞれ見つけます。⑥は 1 と，⑩は 5 と，⑤は 4 と平行になります。**❷** 5 と垂直な面はとなり合った面になります。

---

81 **直方体と立方体 ④**　81 ページ

1 **❶** 辺 DC，辺 HG，辺 EF

❷ 辺 AD，辺 AE，辺 BC，辺 BF

❸ 辺 AB，辺 BC，辺 CD，辺 DA

❹ 辺 AE，辺 BF，辺 CG，辺 DH

❺ 垂直

》考え方 **❸** ⑩の面に平行な面の辺です。**❺** 頂点 A には，辺 AB，辺 AD，辺 AE が集まっています。辺 AB と辺 AD，辺 AB と辺 AE，辺 AD と辺 AE はそれぞれ垂直です。

---

82 **直方体と立方体 ⑤**　82 ページ

1 **❶** 3　**❷** たて，横，高さ　**❸** 1 辺

2 ⑩

》考え方 ⑥は全部の面や辺がわかりません。⑤は平行な辺が平行にかかれていません。

---

83 **位置の表し方 ①**　83 ページ

1 **❶** 点ウ…（横 3 cm，たて 5 cm）

点エ…（横 6 cm，たて 6 cm）

❷ 右の図

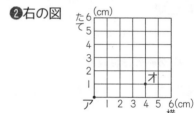

》考え方 **❷** 点オは横に 4 cm，たてに 1 cm 進んだところにある点です。

2 点ウ…（東 0 m，北 40 m）

点エ…（東 50 m，北 0 m）

》考え方 点ウは東に進んでいないので，東 0 m，点エは北に進んでいないので，北 0 m と表せます。

---

84 **位置の表し方 ②**　84 ページ

1 （順に）頂点 C…10，0，6

頂点 F…0，8，6

頂点 H…10，8，0

頂点 G…10，8，6

2 頂点 H

》考え方 A から横に 8 cm 進むと頂点 E，次にたてが 0 cm なので E のまま，さらに上に高さ 10 cm 進むと，頂点 H になります。